Kaddour ZIANI
Waafa Arabi
Amel Sidi Iklef

Higiene, Qualidade e Segurança Alimentar

Kaddour ZIANI
Waafa Arabi
Amel Sidi Iklef

Higiene, Qualidade e Segurança Alimentar

ScienciaScripts

Imprint
Any brand names and product names mentioned in this book are subject to trademark, brand or patent protection and are trademarks or registered trademarks of their respective holders. The use of brand names, product names, common names, trade names, product descriptions etc. even without a particular marking in this work is in no way to be construed to mean that such names may be regarded as unrestricted in respect of trademark and brand protection legislation and could thus be used by anyone.

Cover image: www.ingimage.com

This book is a translation from the original published under ISBN 978-620-3-45118-4.

Publisher:
Sciencia Scripts
is a trademark of
Dodo Books Indian Ocean Ltd. and OmniScriptum S.R.L publishing group

120 High Road, East Finchley, London, N2 9ED, United Kingdom
Str. Armeneasca 28/1, office 1, Chisinau MD-2012, Republic of Moldova, Europe
Printed at: see last page
ISBN: 978-620-5-74308-9

ÍNDICE

PREÂMBULO

Hoje vamos falar de segurança e saúde; todos os dias, em todo o mundo, as pessoas adoecem com os alimentos que comem. Estas doenças são chamadas doenças de origem alimentar e são causadas por microrganismos perigosos e/ou produtos químicos tóxicos.

Não existe um alimento "perfeito" que inclua na sua composição tudo o que precisamos, mas cada alimento tem um lugar e um objectivo na nossa dieta. Portanto, os alimentos são qualquer substância não tóxica capaz de assegurar a cobertura das necessidades energéticas (macronutrientes) e qualitativas (micronutrientes).

Embora os governos de todo o mundo estejam a fazer o seu melhor para melhorar a segurança alimentar, a prevalência de doenças de origem alimentar continua a ser um problema de saúde pública significativo em todos os países. A Organização Mundial de Saúde (OMS) estima que 1.800.000 pessoas morrem anualmente de doenças diarreicas, e que a maioria destes casos pode ser atribuída a alimentos ou água contaminados. O custo do sofrimento humano é portanto enorme, especialmente para os grupos mais vulneráveis (bebés e crianças pequenas, mulheres grávidas, idosos, doentes, etc.) associados à desnutrição, doenças diarreicas causadas por alimentos insalubres causam uma devastação insuportável e são a principal causa de morte entre as crianças em países onde a higiene é deficiente.

A Conferência Internacional da OMS/FAO sobre Nutrição (Roma, 1992) já declarou que "...o acesso a alimentos seguros é um direito universal". Visto desta perspectiva, a segurança alimentar deve ser dada uma elevada prioridade pelos governos, indústria e consumidores.

A OMS também reconhece que as doenças de origem alimentar são um problema tanto para os países em desenvolvimento como para os países desenvolvidos. As epidemias devidas a bactérias como Campylobacter jejuni, Escherichia coli O157, Listeria monocytogenes, Samonella, etc., ou por vezes vírus, ceifaram milhares de vidas em todo o mundo. Todos os anos, novos riscos associados à presença de contaminantes químicos ou produtos tóxicos que se formam durante o processamento ou preparação de alimentos são descobertos. As alergias alimentares estão também a aumentar. Este aumento nos casos (chamado "prevalência") é o resultado de muitos factores de interacção, incluindo: um número crescente de participantes na cadeia alimentar, entre o produtor primário e o consumidor; higiene insuficientemente controlada nas várias fases de produção e distribuição, bem como a nível do consumidor; uma mudança nos padrões de preparação e consumo: menos cozedura prolongada, mais produtos consumidos crus por gosto ou conveniência, menos produtos enlatados mas mais congelados, mais fermentações de produtos, fumagem a frio de peixe, etc.Este programa oferece um apoio básico aos actores do sector alimentar, cujo principal objectivo é permitir o envolvimento das pessoas no campo alimentar e conhecer os fundamentos científicos da higiene e da segurança alimentar, de acordo com os diferentes tipos de riscos.O ensino da nossa disciplina está dividido em três secções essenciais. O ensino da nossa disciplina está dividido em três secções essenciais, que visam a aquisição de competências em :

1. Os diferentes grupos alimentares e origens;

2. Riscos relacionados com os perigos que podem ser encontrados nos alimentos de origem animal (biológicos, físicos, químicos);

3. Os métodos de higiene alimentar para o controlo dos perigos na indústria alimentar;

4. A base científica e prática dos processos oficiais de controlo alimentar;

5. Normas (ISO 9000, 22 000) e certificações.

1. ALIMENTAÇÃO
CLASSIFICAÇÃO E TIPOLOGIA

1.1 Introdução

Um alimento é um produto consumido regularmente por uma comunidade, que tem sido capaz de ver a sua segurança e os seus benefícios, é a longo prazo para a saúde ou sem impacto na saúde representa um património cultural de valor inestimável que ilustra a relação fundamental entre o homem, a natureza e os alimentos. O principal objectivo deste último é assegurar a cobertura das necessidades energéticas (macronutrientes) e qualitativas (micronutrientes).

1.2 Composição geral dos alimentos

Uma vez produzidos, seleccionados e consumidos, os alimentos são utilizados pelos seres humanos. De facto, não podem ser utilizados como tal sem serem transformados em nutrientes no tracto digestivo. Por outras palavras, entre o alimento na sua grande diversidade e os sistemas metabólicos, que convertem a maioria dos nutrientes em energia para o funcionamento do corpo humano, o alimento designa "todas as matérias que são a natureza que servem ou podem servir para a nutrição". Os alimentos dividem-se em bebidas e alimentos propriamente ditos, que são essencialmente compostos por princípios de origem vegetal ou animal". No entanto, o termo **"alimento"** é demasiado geral, na realidade muitos alimentos podem pertencer a vários grupos alimentares, pelo que a classificação destes últimos pode ser abordada de acordo com critérios básicos de muitas maneiras. Todos os nutrientes podem ser classificados em duas grandes categorias: macronutrientes, que incluem hidratos de carbono, gorduras e proteínas, e micronutrientes, que geralmente incluem vitaminas e minerais. Os quadros seguintes resumem as principais funções biológicas dos nutrientes no nosso corpo.

Quadro 1: Macronutrientes

Macronutrientes	Subcategoria	Funções	Recipientes para alimentos
Glucides (= amido + glicogénio + celulose)	Açúcares lentos (complexos)	Fornecer uma fonte de energia acessível para produzir reacções metabólicas: Síntese de ATP, armazenamento de glicogénio, funções musculares e cerebrais, etc.	Massas, arroz, batatas, legumes secos, pão
	Açúcares rápidos (simples)		Açúcar, rebuçados, chocolate, pão branco, sumo de fruta, puré de batata, cereais tufados, gelados, refrigerantes, etc.
Lipides (ou gorduras), de origem animal ou vegetal	Ácidos gordos saturados	(a evitar: porque aumenta o colesterol e causa doenças cardíacas)	Carnes gordas, leite integral, manteiga, natas, margarina, gema de ovo, bolos, etc.
	Ácidos gordos insaturados (Omega-3, Omega-6	Construir uma reserva de energia para exercício a longo prazo +Prover ácidos gordos essenciais (crescimento e funcionamento das membranas, (re)constituição dos tecidos)+ Prevenir doenças cardíacas e melhorar o desempenho	Azeite, óleo de colza, óleo de soja, óleo de abacate, óleo de amendoim, óleo de amêndoa, óleo de caju, óleo de girassol e óleo de sésamo Peixe gordo (salmão, truta, sardinha, etc.), nozes (+ óleo), batata doce Óleo de milho, óleo de amendoim girassol e sementes de sésamo
Proteína	Animais	(Papel da energia menor)	Carne, peixe, ovos, produtos lácteos
	Legumes	Formação celular, desenvolvimento muscular e função + Papel fisiológico (regulação de hormonas, reacções bioquímicas) + Protecção imunitária + Transporte de hemoglobina	Cereais, leguminosas, leguminosas secas, sementes oleaginosas, soja

Quadro 2: Principais vitaminas dos alimentos

Vitamina	Funções	Recipientes para alimentos
A	Síntese de pigmentos visuais Manutenção em bom estado das membranas mucosas e do pele	Manteiga, leite, ovos, fígado, legumes, frutas
B1 (Tiamina)	Balanço de glicemia Armazenamento de glicogénio Síntese de lípidos Diminuição do tempo de recuperação As cãibras desaparecem	Pão integral e cereais, leguminosas, carne (fígado), ovos, nozes
B6 (Piridoxina)	Metabolismo de hidratos de carbono, lípidos, proteínas	Gema de ovo, fígado, levedura, soja
B12 (Cianocobalamina)	Construção de células anti-anémicas Metabolismo de proteínas	Carne, fígado, ovo, peixes
C	Saúde do tecido conjuntivo Defesas imunitárias Resistência à fadiga Absorção de ferro	Frutas, legumes verdes
D	Absorção de cálcio e fósforo	Fígado de bacalhau, ovos, manteiga, tempos, peixe gordo
E	Desenvolvimento e função celular (criação de energia)	Cereais, óleos (colza, milho, soja, azeitona, girassol)
K	Permite a coagulação	Fígado, ovos, legumes verde
PP	Metabolismo celular Transferência de hidrogénio Síntese de ácidos gordos	Carne, peixe, produtos lácteos, ovos, leguminosas

Quadro 3: Minerais

Mineral	Funções	Recipientes para alimentos
Sódio	Transmissão de impulsos nervosos e musculares Manutenção do equilíbrio celular	Sal
Potássio	Controlo de fluidos Funções musculares e nervosas	Frutas, legumes, cereais
Fósforo	Bioenergética	Carne, peixe, ovos, leite, cereais, legumes
Magnésio	Manutenção do equilíbrio neuromuscular Síntese de proteínas	Legumes (lentilhas), carnes, frutos secos, cereais
Cálcio	Contracção muscular Condução nervosa Actividade rítmica do coração Formação óssea Coagulação do sangue	Leite, queijo, legumes verdes, frutas frescas e secas
Ferro de engomar	Formação de eritrócitos Transporte de oxigénio	Carne, ovos, leite, leguminosas, massa, vinho, grãos inteiros
Zinco	Degradação de hidratos de carbono, lípidos, proteínas Crescimento celular Imunidade	Ovos, peixe, carne, produtos produtos lácteos, lentilhas, nozes, crustáceos e moluscos
Enxofre	Produção de ATP Eliminação de toxinas	Vegetais verdes e secos, carnes, ovos, queijo
Cobre	Reacções Redox	Nozes, mariscos, legumes secos, batatas
Fluorina	Força óssea	Pasta de dentes, pastilha elástica
Iodo	Actividade metabólica geral Funções neuromusculares e circulatórias	Mariscos, peixe, sal, frutas e legumes secos
Cobalto	Transporte de oxigénio	Girolles, alimento rico em B12
Crómio	Metabolismo lipídico	Marisco, fruta, cerveja

Os constituintes de um género alimentício são muito numerosos e muito diversificados, tanto nas suas estruturas químicas como nas suas proporções:

1. **Principal:** água, lípidos, hidratos de carbono, proteínas;

2. **Menores**: elementos minerais, vitaminas, fibras dietéticas, aromas (naturais), corantes (naturais), metabolitos secundários de plantas (fenóis).

3. **Aditivos:** corantes, conservantes, etc.

4. **Toxinas naturais:** glucósidos cianogenéticos, solanina (inibidor da colinesterase), anti-vitaminas (Avidina de anti-vit H/vit B8 de clara de ovo);

5. **Produtos de degradação:** aminas biogénicas (histamina), produtos de reacção de Maillard, etc.

6. Substâncias **estranhas** agentes fitossanitários (resíduos de antibióticos, micotoxinas, toxinas bacterianas, etc.).

7. **Organismos:** parasitas, bolores, bactérias, vírus, priões, etc.

1.3 Diferentes grupos alimentares

Embora não haja alimentos essenciais, existem contudo, devido à diversidade, diferenças e semelhanças entre os alimentos. É a noção de classe ou grupos de alimentos que levou à necessidade de os agrupar e, portanto, a uma classificação. No entanto, mesmo que qualquer classificação tenha uma justificação química (nutricional), tem também um objectivo educativo. É por isso que existem várias classificações, todas elas imperfeitas, mas cada uma delas pode ter o seu próprio interesse (e limites educacionais) dependendo dos objectivos. Assim, a educação nutricional em áreas desfavorecidas ou no desenvolvimento dos países em desenvolvimento baseia-se numa classificação em três grupos propostos pela OMS, por exemplo, alimentos de construção (aqueles que fornecem proteínas, tais como carne e leguminosas); alimentos energéticos (incluindo alimentos ricos em amido e gorduras); e alimentos protectores (ricos em micronutrientes, tais como frutas e vegetais). Tínhamos desenvolvido, com sucesso educativo, uma classificação em nove grupos: carne, charcutaria, ovos e queijos fermentados para enfatizar uma semelhança em termos de ácidos gordos saturados; peixe e produtos de peixe para enfatizar o seu conteúdo específico de ácidos gordos ómega 3 de cadeia longa; frutas e vegetais incluindo batatas para enfatizar uma semelhança em termos de fitomicroconstituintes, micronutrientes e fibras; cereais, pão e leguminosas para enfatizar a sua riqueza em proteínas vegetais; leite e produtos lácteos (excepto queijos fermentados); gorduras vegetais e manteiga; frutos oleaginosos, que devem ser mantidos separados; alimentos e bebidas doces para enfatizar o seu elevado teor em açúcares simples; e bebidas alcoólicas e bebidas alcoólicas para enfatizar a especificidade do álcool.As classificações "oficiais" (PNNS) são simples, mesmo simplificadas, mas aceites com sete grupos: carne e produtos relacionados, ovos, peixe; produtos lácteos; frutas e vegetais; alimentos ricos em amido, batatas, pão, cereais, leguminosas; gorduras; produtos doces e bebidas.

2. MANUTENÇÃO DA HIGIENE ALIMENTAR

2.1 Introdução

A segurança alimentar e a higiene alimentar não devem ser confundidas com higiene e segurança alimentar! Estes termos são mal utilizados na linguagem comum: embora a segurança **alimentar** seja uma expressão que se refere à segurança do abastecimento alimentar em quantidade e qualidade (auto-suficiência alimentar). A segurança alimentar tem quatro pilares:

a. Acesso: a capacidade de produzir a própria comida e, portanto, ter os meios para o fazer, ou a capacidade de comprar a própria comida e, portanto, ter poder de compra suficiente para o fazer,

b. Disponibilidade: quantidades suficientes de alimentos, seja da produção interna, stocks, importações ou ajuda,

c. Qualidade: dos alimentos e da dieta do ponto de vista nutricional e sanitário,

d. Estabilidade: das capacidades de acesso e, portanto, dos preços e do poder de compra, da disponibilidade e da qualidade dos alimentos e das dietas.

Enquanto que a segurança **alimentar** é a garantia de que os alimentos não prejudicam o consumidor quando são preparados e/ou consumidos de acordo com a sua utilização prevista. Exemplos de meios implementados para a segurança alimentar: controlo das origens, controlo da composição, detecção de fontes de contaminação bacteriana, controlo da cadeia de fabrico ou transformação e controlo da cadeia de frio.

No entanto, **higiene alimentar** (dietética) é um termo médico que se refere à escolha racional dos alimentos (as regras de nutrição e dietética) e **higiene alimentar** (Higiene Alimentar) refere-se a todas as condições e medidas necessárias para garantir a segurança e salubridade dos alimentos em todas as fases da cadeia alimentar, (definições da norma NF V 01-002 sobre higiene alimentar). Estas regras de higiene dizem naturalmente respeito aos produtores, aos distribuidores mas também a cada indivíduo.

A higiene alimentar garante a segurança e a salubridade dos alimentos.

Por outras palavras, a **segurança alimentar** "garante que os alimentos, quando consumidos de acordo com a sua utilização prevista, são aceitáveis para consumo humano. O conceito de segurança é diferente do conceito de segurança. Aplica-se mais às características intrínsecas do produto, ou seja, sabor, odor, textura, etc.

Ces deux composantes de l'hygiène sont indissociables (*cf.* Figure 1)

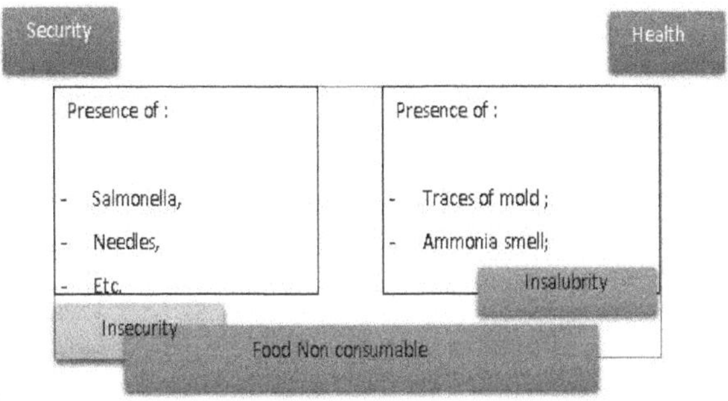

A higiene dos alimentos é composta por várias áreas igualmente importantes: a higiene do pessoal, a higiene das instalações (limpeza, desinfecção, etc.), as condições de armazenamento, manipulação, transporte, etc. Todos estes pontos onde a higiene é crucial estão incluídos no chamado "método 5 M" ou **"diagrama Ishikawa"** (ver HACCP "Hazard Analysis Critical Control Point").

2.2 Higiene Agro-Industrial

Na indústria **alimentar**, as medidas de higiene que nos permitem obter alimentos saudáveis **têm** dois componentes: **Segurança:** alimentos sem perigo (sem salmonelas, sem pedaços de vidro, etc.) e **Sanidade:** alimentos aceitáveis, consumíveis (sem mau cheiro, sem alteração, etc.).

2.2.1 A importância da higiene agro-industrial

▪ Importância sanitária óbvia: "Menos higiene = Mais pessoas doentes";

▪ Importância económica: preservação do produto, possíveis exportações, menos

Um erro de higiene é muitas vezes a morte da empresa";

▪ Importância jurídica: o jornal oficial argelino impõe regras de higiene.

2.3 Controlo de higiene na indústria alimentar

A contaminação dos alimentos pode ocorrer em qualquer fase da preparação e armazenamento dos mesmos. Infelizmente, a maioria das intoxicações alimentares deve-se a negligência ou falta de conhecimento das regras e precauções necessárias para a preparação e conservação dos alimentos.

2.3.1 Guia de Boas Práticas de Higiene (GHPG)

C'est Simple

The GBPH is a reference document, of voluntary application, evolutionary, conceived by the professionals for the food sector. Each GBPH gathers the specific recommendations of the sector to which it refers. These documents recommend means, adapted methods, procedures whose implementation must lead to the control of the sanitary requirements (regulatory or not) during the preparation, the transformation, the manufacturing, the packaging, the storage, the transport, the distribution, the handling and the sale or the availability of the foodstuffs to the consumer. They also allow professionals to harmonize the hygiene rules for a sector of activity.

As recomendações da GBPH foram validadas de uma perspectiva **Scientifique** e **Réglementaire** a fim de garantir a segurança e a salubridade dos produtos. Os profissionais podem ser levados a implementar apenas uma parte das medidas de controlo propostas ou a escolher outros meios que permitam alcançar os objectivos técnicos e regulamentares de segurança e salubridade dos produtos; neste caso, terão de demonstrar que os meios implementados são relevantes e eficazes. Este guia também descreve a aplicação dos princípios de higiene na sua actividade, partindo da análise dos potenciais riscos alimentares de uma operação e da recolha dos vários meios de controlo e monitorização em cada ponto de risco (o GBPH é uma espécie de plano HACCP para uma família de produtos, para empresas do mesmo sector). Como o GBPH é específico de um sector, fornece pormenores precisos para os produtos do sector: em vez de textos gerais e abstractos, o GBPH contém instruções claras e detalhadas, constitui uma referência das boas práticas de higiene para a integração dos novos profissionais que iniciam a actividade. O GBPH inclui também uma parte comum a todos os sectores de actividade, onde são recordadas as disposições comuns de higiene relativas às instalações, ao equipamento, ao pessoal, à água, ao ar, aos resíduos, etc. Cada profissional escolhe apenas um ou outro dos meios propostos pelo guia, de acordo com as condições específicas dos **"5M" da** sua operação. Ele constitui então a sua própria "doutrina" em termos de higiene ao escrever um sistema de referência da empresa, que se baseia no GBPH e se adapta ao seu caso particular.

2.3.2 Os Grandes Princípios de Higiene

As medidas de higiene incluem: higiene do quarto, higiene do equipamento, higiene pessoal e higiene alimentar. Este curso cobre os princípios de higiene, e desenvolve as principais causas de "não higiénico" usando o diagrama **"5M"**.

A higiene é sobretudo uma questão de regras a serem observadas e uma educação indispensável.
a. **Material**

Um alimento de má qualidade à chegada será um arrastamento que a LPN arrastará até à mesa do consumidor; a recepção de matérias-primas é, portanto, uma posição chave na LPN. No que respeita ao material, a origem, segurança, rotulagem e temperatura dos produtos são verificadas. As condições higiénicas que regem a produção de alimentos são fundamentais para assegurar uma boa higiene no resto da cadeia alimentar. Por conseguinte, é importante evitar a produção em áreas onde o ambiente possa constituir uma ameaça para a segurança alimentar. Isto significa controlar a contaminação do ar, água e solo. É importante assegurar a boa qualidade dos alimentos para o gado, aves de capoeira, peixe ou qualquer outro gado. A saúde dos animais deve ser assegurada, bem como as práticas veterinárias utilizadas. Os fertilizantes, produtos fitossanitários e pesticidas devem ser utilizados com cuidado para garantir que as plantas são saudáveis e seguras para os seres humanos ou animais que os consomem.No momento do abate ou da colheita, todas as plantas, grãos, frutos, etc., ou animais obviamente impróprios para o consumo devem ser eliminados. Os resíduos resultantes destas operações devem ser eliminados de forma higiénica. As culturas e os produtos de carne devem ser protegidos de todas as contaminações possíveis (pragas, germes microbianos, agentes químicos ou físicos indesejáveis) que possam ocorrer durante a manipulação, armazenagem e transporte dos alimentos. As pessoas envolvidas nestas operações de produção primária (produtores, pescadores, agricultores, pessoal em matadouros, em silos, etc.) devem demonstrar a melhor higiene pessoal e corporal possível. Evidentemente, devem ser informados sobre as questões em jogo e sobre os riscos que correriam. A sua responsabilidade deve ser assumida assim que forem formados e/ou informados.

Regras

Dans tous les cas, et quel que soit le mode d'approvisionnement en matières premières et ingrédients, il important de choisir judicieusement les matières premières et les ingrédients auprès de commerçants connus du marché et offrant des garanties de salubrité.

b. Material

O equipamento inclui máquinas, ferramentas, mesas, transportadores, silos, etc. Todas as superfícies de trabalho devem ser mantidas limpas, o equipamento deve ser concebido para evitar a acumulação de sujidade e permitir uma limpeza fácil e completa.

c. Ambiente

A redução do risco de fabrico de alimentos perigosos é feita tomando medidas preventivas para garantir a segurança e a salubridade dos alimentos. O controlo dos riscos é conseguido através de procedimentos de controlo em todas as fases críticas das operações de fabrico e transformação de alimentos. Contudo, não é suficiente ter procedimentos de controlo em vigor; é também necessário assegurar que estes procedimentos se mantenham eficazes e adequados ao longo do tempo.

C.1 Hygiène de l'environnement

A fábrica ou oficina deve, portanto, estar longe de fontes de contaminação. Por exemplo: distância mínima de uma estrada = 5 m, uma casa = 50 m, um gado = 100 m, um depósito de resíduos = 200 m). NB: A própria fábrica pode ser uma fonte de incómodo para a vizinhança = é necessária uma vigilância específica.

C.2 Hygiène des bâtiments et locaux

C.2.1Desenvolvimento racional

Este esquema baseia-se em formas fáceis de limpar (paredes lisas, pavimentos antiderrapantes, sem cantos afiados, mas com ranhuras arredondadas (chão de parede), sem cantos, sem inclinação do chão > 1%, sem ninhos de pó: cabos, prateleiras, etc.), bem como um amplo espaço entre a parede e o equipamento, e à volta de cada máquina em pés selados. O ar deve ser controlado para assegurar a prevenção da contaminação, existem dois aspectos complementares: Renovar o ar interior para eliminar a contaminação endógena (fumos, fumo, aerossóis, partículas alimentares, etc.) e filtrar o ar exterior para eliminar o pó e as bactérias. Isto requer uma unidade de ventilação/filtração.

Sectores separados

As áreas "incompatíveis" devem ser separadas fisicamente. Não deve ser possível passar directamente de uma área contaminada para uma área limpa (por exemplo, uma sala limpa). (p. ex., recepção/fabricação). A mesma coisa entre áreas quentes e frias, ou seja, agrupar as áreas frias em conjunto e o mesmo com as áreas quentes e identificar as áreas com temperaturas "obrigatórias".

Identificar os circuitos: O movimento para a frente é imperativo.

O circuito não deve incluir qualquer recuo ou travessia. Passamos de sujo a limpo, para evitar a contaminação cruzada (por exemplo, as matérias-primas não atravessam o produto processado). Os sectores separado e avançado são normalmente mostrados no esquema da fábrica.

d. Métodos

Uma operação automatizada é menos arriscada do que uma manipulação. Mas também operações mecânicas tornam todo o produto acessível a um contaminante (exemplo: fatiar, picar, triturar, misturar, etc.). Estaremos muito atentos à limpeza das máquinas (limpeza e desinfecção). Os trabalhos mais difíceis são os defeitos de higiene dos locais, tentamos reduzir a laboração, com a participação do trabalhador (ergonomia). Ergonomia: a palavra "ergonomia" vem do grego ergonomia (trabalho) e nomos (leis, regras). A ergonomia pode, portanto, ser definida como: "a ciência do trabalho com o objectivo de adaptar o trabalho ao homem, de forma a permitir a aplicação dos conhecimentos científicos relativos ao homem e necessários à concepção de ferramentas, máquinas e dispositivos que possam ser utilizados pelo maior número de pessoas com o máximo conforto, segurança e eficiência.

e. Mãos de trabalho

As mãos são um vector particularmente importante para a transmissão de microrganismos patogénicos causadores de intoxicações alimentares. O controlo da higiene das "mãos de trabalho" é muito importante, de facto, condicionam as outras: controlam as matérias-primas ( ), limpam o equipamento ( ), implementam o ambiente ( ) (ex. sectores separados), fazem os métodos ( ); e ( ) são considerados uma fonte importante de germes (1011 bactérias/g). Portanto, o pessoal da LPN deve ser limpo, saudável, treinado em higiene, e treinado na utilização adequada da sua posição.

• Higiene pessoal (Limpeza)

A higiene do pessoal que está em contacto ou pode estar em contacto com os alimentos deve ser perfeita, a fim de evitar a contaminação e a transmissão de doenças aos consumidores. A higiene pessoal diz obviamente respeito à limpeza do corpo, mãos e cabelo, mas também à limpeza do vestuário de trabalho (vestuário, chapelaria, sapatos, máscaras, luvas, etc.). Um certo número de comportamentos ou actividades são contrários às regras de higiene alimentar, tais como fumar, cuspir, tossir, espirrar, beber ou comer perto de alimentos a serem processados.

L'utilisation de gants ne dispense pas du lavage des mains

• Higiene pessoal (estado de saúde)

Qualquer pessoa que sofra ou seja portadora de uma doença que possa ser transmitida através dos alimentos, ou que sofra, por exemplo, de feridas infectadas, infecções ou lesões cutâneas, ou diarreia, não será autorizada a manusear alimentos ou a entrar em qualquer área de manuseamento de alimentos, seja a que título for, onde exista o risco de contaminação directa ou indirecta dos alimentos.

En pratique, agir comme si chacun était porteur sain

2.4 Limpeza & Desinfecção na indústria alimentar

As noções de Limpeza e Desinfecção são definidas na norma **NF V 01- 002, 2008 da** seguinte forma: Limpeza é a remoção de terra, resíduos alimentares, sujidade, gordura ou outra matéria censurável; enquanto Desinfecção é a acção de reduzir por agentes químicos ou métodos físicos o número de microrganismos a um nível que não comprometa a segurança ou adequação dos alimentos. Os programas de limpeza e desinfecção devem ser estabelecidos para assegurar que o equipamento de fabrico de alimentos e o ambiente sejam mantidos num estado de higiene satisfatório. Estes programas devem ser monitorizados para assegurar a sua contínua adequação e eficácia.

A limpeza é uma operação de manutenção e conservação das instalações e equipamentos cujos principais objectivos são assegurar uma aparência agradável (noção de conforto) e um nível de limpeza (conceito de higiene) e manter o ambiente alimentar saudável desde o momento em que os bens são recebidos até ao consumidor.

Esta operação de eliminação de sujidade: biológica, orgânica ou mineral é realizada por um processo que respeita o estado das superfícies tratadas e que recorre, em proporções variáveis, aos seguintes factores combinados: Acção química, acção mecânica, tempo de acção e temperatura.

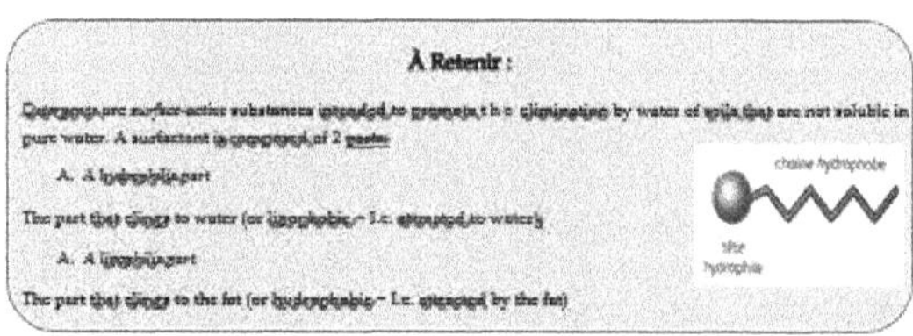

A presença destes quatro factores (é essencial e a sua combinação é variável Qualquer que seja o método implementado e a organização escolhida, eles estão sempre presentes e a diminuição de um é sempre compensada pelo aumento de um ou mais dos outros:É a acção de um produto detergente, a escolha dos produtos deve ser adaptada:

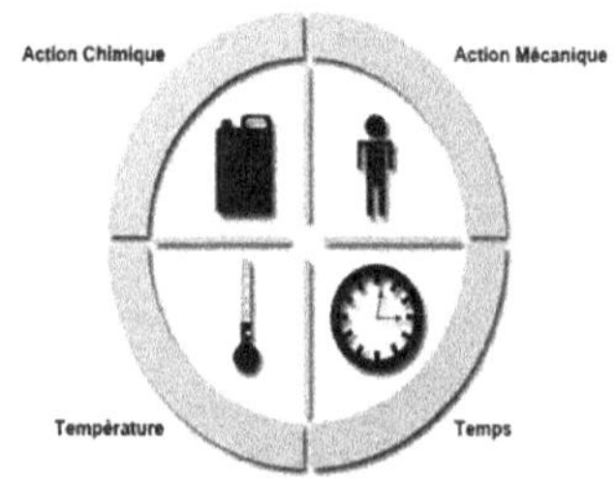

1. Concentração (demasiado baixa: mau resultado; demasiado alta:
enxaguamento mais difícil, risco de vestígios) ;

2. Características dos detergentes (espuma, embebição, etc.);

3. A natureza da terra (Orgânico = detergentes alcalinos; Mineral = detergentes
ácidos);

4. A constituição de apoios à   limpo (facilidade de decrescimento:
vidro>aço>alumínio>borracha>plástico > ...> madeira) ;

5. Compatibilidade com a produção (ausência de resíduos);

6. Segurança do operador (produtos com risco mínimo).

É a acção de esfregar ou utilizar equipamento como escovas simples ou
esfregadores, tem como objectivo principal ressuspender a sujidade e eliminá-la.
Isto melhora a eficácia dos detergentes. É um factor muito importante porque
intervém em todas as fases do processo de limpeza para colocar a superfície a
limpar em contacto constante com uma solução fresca e para criar as forças
necessárias para a remoção dos solos.

O seu papel na detergência está longe de ser negligenciável, a temperatura :
• Reduz a tensão superficial, de modo que se tem dito que a água quente já é um
detergente;
• Acelera a maioria das reacções químicas e, em particular, a saponificação e
hidrólise;
• Suaviza óleos, gorduras e ceras e, assim, facilita a penetração do detergente;
Finalmente, verificou-se que quando a temperatura foi aumentada em **12°C,** a
velocidade de limpeza ou desinfecção **aumentou** em **2 vezes.**
No entanto, o aumento da temperatura tem limites:
I. Água a alta temperatura a ferver ;

II. Elevado custo da energia térmica;

III. Resistência térmica de baixa resistência de alguns materiais (plásticos,
borracha, etc.);

IV. Temperatura de coagulação de certas manchas (albuminoides);

V.Método de aplicação seleccionado: Por exemplo, a resistência dérmica na aplicação manual não excede 50°C.

VI. Os ácidos iodados, por exemplo, não podem ser utilizados acima de 43°C, caso contrário ocorrerá sublimação do iodo; os alcalinos clorados devem ser utilizados a temperaturas inferiores a 72°C.

A aproximação da cinética de limpeza a uma reacção de primeira ordem e não se baseia em quaisquer pressupostos sérios.Cuidado: o tempo de aplicação prolongado de alguns químicos pode causar a deterioração do substrato.

Toujours penser que le nettoyage est un mix de ces facteurs.

A desinfecção é uma operação com um resultado momentâneo permitindo a eliminação ou morte de microrganismos e/ou a inactivação de vírus indesejáveis, transportados por meios inertes contaminados (Superfícies; Objectos; Meio (água, ar)), de acordo com os objectivos fixados. O resultado desta operação é limitado aos microrganismos presentes no momento da operação" (Agence Française de Normalisation, **AFNOR, 1981**). A desinfecção é utilizada para prevenir a infecção cruzada e para atingir os níveis mais baixos de contaminação no ambiente. A desinfecção tem de reduzir os microrganismos presentes nos objectos, superfícies, etc.

La désinfection = élimination de toute souillure MICROBIENNE.

Os principais factores que influenciam a eficácia dos desinfectantes são:

a. Tempo de contacto

Para cada processo de desinfecção, é necessário um tempo de contacto entre o produto e os microrganismos: Curto: bactérias vegetativas, Longo: bacilo de Koch, vírus da hepatite, etc.

b. Temperatura

A desinfecção é sempre mais rápida quando a temperatura é mais elevada. Em alguns casos, o produto é diluído em água quente. Ex: Álcool: demora 10 minutos a 30°C para matar uma população, 300 minutos a 20°C para matar a mesma população!

c. Concentração do produto

Um desinfectante demasiado concentrado provocará a coagulação superficial da matéria orgânica, impedindo assim que o produto penetre profundamente, tornando-se irritante, corrosivo e desnecessariamente caro. As diluições recomendadas devem ser rigorosamente respeitadas. Pelo contrário, um produto é menos activo quando está demasiado diluído. A diluição excessiva leva por vezes a uma redução dramática da actividade.

d. pH

Alguns produtos são mais activos num ambiente ácido, outros num ambiente alcalino.

e. Inibidores

A acção dos desinfectantes pode ser inibida por uma variedade de substâncias, quando a água de diluição é dura, o cálcio inibe moderadamente a maioria dos desinfectantes.

3. HACCP

3.1 Controlo dos perigos: HACCP

HACCP é o acrónimo bem conhecido de "Hazard Analysis Critical Control Point" (Análise de Perigos e Pontos Críticos de Controlo). Em francês, é um sistema de análise de perigos e pontos críticos de controlo. Este método tornou-se sinónimo de segurança alimentar em todo o mundo. O conceito HACCP foi originalmente desenvolvido como um sistema de segurança microbiológica no início do programa espacial dos EUA nos anos 60 para garantir a segurança dos alimentos para os astronautas. O sistema original foi concebido pela Pillsbury Company, em cooperação com a National Aeronautics and Space Administration (NASA) nos Estados Unidos e os Laboratórios do Exército dos EUA.

Aqui estão alguns termos básicos que são essenciais para a compreensão:

> **ISO 22 000 : 2005**
>
> § HACCP (analyse des dangers ; points critiques pour leur maîtrise)
> Démarche qui identifie, évalue et maîtrise les dangers significatifs au regard de la sécurité des aliments.

O método HACCP torna possível analisar e controlar os perigos:

> **ISO 22 000 : 2005**
>
> § Dangers
> Agent biologique, chimique ou physique, présent dans un aliment ou état de cet aliment pouvant entraîner un effet néfaste sur la santé.

A chave para este método é a identificação e controlo dos pontos críticos. É importante definir esta noção de ponto crítico que muitas vezes é mal compreendida. Um ponto crítico é um ponto crucial que deve ser dominado para evitar efeitos negativos mais tarde.

O HACCP baseia-se no princípio de que os riscos de segurança alimentar podem ser eliminados ou minimizados através da prevenção na fase de produção e não através da inspecção dos produtos acabados. O seu objectivo é prevenir os perigos o mais cedo possível na cadeia alimentar. O método HACCP pode ser aplicado desde a produção primária até ao consumo. As empresas que utilizam HACCP são capazes de fornecer melhores garantias sobre a segurança alimentar aos consumidores e às autoridades reguladoras alimentares.

3.2 Princípios de HACCP

O HACCP inclui sete princípios, que permitem estabelecer, implementar e conduzir um plano HACCP:

▪ Princípio 1

- Conduzir uma análise de risco;

- Identificar potenciais riscos associados a todas as fases de produção;

- Avaliar a probabilidade de ocorrência e a gravidade dos efeitos de cada perigo.

▪ Princípio 2

- Identificar os pontos críticos de controlo (CCP);

- Determinar as fases em que a monitorização pode ser realizada e é essencial para prevenir ou eliminar um risco de segurança alimentar.

- **Princípio 3**

- Estabelecer o(s) limiar(s) crítico(s). O limite crítico é o critério que distingue a aceitabilidade da não aceitabilidade. Devem envolver um parâmetro mensurável e podem ser considerados o limiar absoluto ou o limite de segurança para os CCP.

- **Princípio 4**

- Implementar um sistema de monitorização para controlar os PCC por meio de testes ou observações planeadas.

- **Princípio 5**

- Determinar acções correctivas a serem tomadas quando a monitorização indica que um determinado PCC não está sob controlo.

- **Princípio 6**

- Aplicar procedimentos de verificação para confirmar que o sistema HACCP está a funcionar eficazmente.

- **Princípio 7**

- Criar um ficheiro que inclua todos os procedimentos e registos relativos a estes princípios e à sua implementação.

3.3 Etapas do HACCP

A aplicação dos princípios HACCP consiste nas seguintes tarefas, tal como descritas na sequência lógica de aplicação do HACCP.

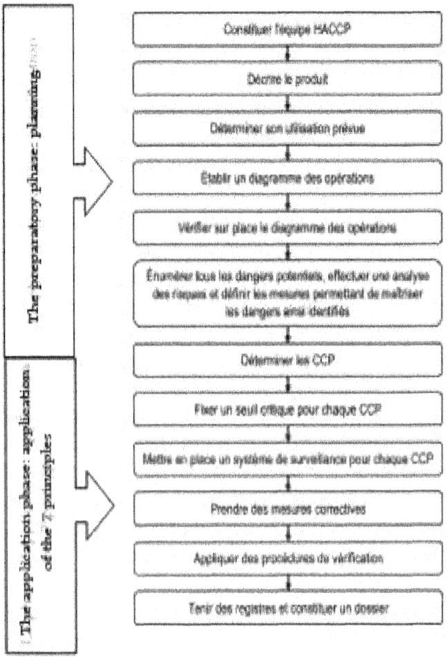

Figura 2: Sequência lógica da aplicação HACCP

3.3.1 Passo 1: Montar a equipa HACCP

É realmente importante que a implementação do HACCP não seja o trabalho de um gestor de qualidade isolado, mas que seja o trabalho de uma equipa multidisciplinar: a equipa de segurança alimentar. Idealmente, esta equipa deveria ser composta por pessoas de diferentes funções da organização. É possível, quando necessário, recorrer a peritos externos (microbiologista, consultor, fornecedor, por exemplo).

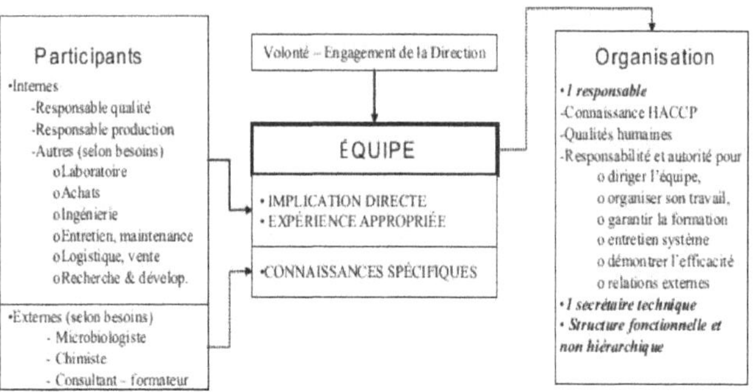

3.3.2 Etapa 2: Descreva o produto e a sua distribuição

Esta descrição é principalmente sobre o produto acabado. As características dos produtos acabados devem ser documentadas na medida do necessário para realizar a análise do risco, contendo informações relativas ao seguinte, conforme o caso:

a. Nome do produto ou identificação semelhante;

b. Composição;

c. Características biológicas, químicas e físicas relevantes para a segurança alimentar;

d. Prazo de validade esperado e condições de armazenamento;

e. Embalagem;

f. Rotulagem de segurança alimentar e/ou instruções de manuseamento, preparação e utilização;

g. Métodos de distribuição.

3.3.3 Etapa 3: Identificar a utilização prevista do produto

Esta etapa completa a anterior: conduz à formalização das condições de armazenamento, distribuição e utilização do produto pelo utilizador final, que é o consumidor ou o processador que utiliza o produto como ingrediente. É necessário prever todas as utilizações "normais" do produto: (Temperatura de conservação; Tratamento térmico (cozedura ou reaquecimento); O prazo de validade do produto (DLC ou DLUO); O modo de utilização do produto).

3.3.4 Passo 4: Construir o diagrama do processo

O principal objectivo de um fluxograma é permitir a identificação da possível ocorrência, introdução ou aumento dos níveis de perigos que não podem ser identificados nas outras etapas iniciais. Sempre que apropriado e necessário para a identificação de perigos, avaliação de perigos e avaliação de medidas de controlo, podem ser desenvolvidos diagramas de fluxo/esquemas adicionais ou descrições de instalações para fluxos que não sejam produtos (tais como fluxo de ar, fluxos de pessoal, fluxos de equipamentos, fornecimentos, etc.) para indicar a localização relativa de outras medidas de controlo e para indicar a possível ocorrência ou transferência de perigos de segurança alimentar.

3.3.5 Passo 5: Confirmar o diagrama no local

Com base nos documentos produzidos (processos e diagramas de fluxo), a equipa HACCP deve ir e confirmar toda esta informação no terreno. Para a realização desta verificação, é aconselhável seguir o movimento de avanço do produto: desde a recepção das matérias-primas e dos ingredientes até à expedição do produto acabado. Finalmente, é uma oportunidade para corrigir quaisquer erros cometidos durante a construção do diagrama ou quaisquer desvios das informações recolhidas.

3.3.6 Etapa 6: Análise e controlo dos perigos identificados

A análise de perigo deve ser realizada para todos os produtos (ou categoria), existentes ou novos. De facto, alterações nas matérias-primas, formulações, processos de tratamento e preparação, embalagem, distribuição e/ou utilização do produto exigirão uma revisão da análise do risco. A análise do perigo inclui as seguintes acções principais:

- Identificar os perigos;

- Avaliar os perigos;

- Definir e implementar medidas de controlo (acções correctivas).

a. Identificação dos perigos

Todos os riscos de segurança alimentar razoavelmente previsíveis relacionados com o tipo de produto, tipo de processo e instalações de transformação utilizados devem ser identificados e registados. O nível aceitável de perigo para o produto acabado deverá, na medida do possível, ser determinado para cada perigo identificado em matéria de segurança alimentar.

b. Avaliação dos perigos

Deve ser efectuada uma avaliação do perigo para determinar, para cada perigo identificado para a segurança alimentar, se a sua eliminação ou redução para níveis aceitáveis é essencial para o fabrico de alimentos seguros e se o seu controlo é necessário para alcançar os níveis aceitáveis definidos.O termo perigo não deve, portanto, ser confundido com o termo risco que, no contexto da segurança alimentar, se refere a uma função da probabilidade de um efeito adverso para a saúde (por exemplo, contrair uma doença) e a gravidade desse efeito (morte, hospitalização, falta de trabalho, etc.) quando o sujeito é exposto a um perigo específico.

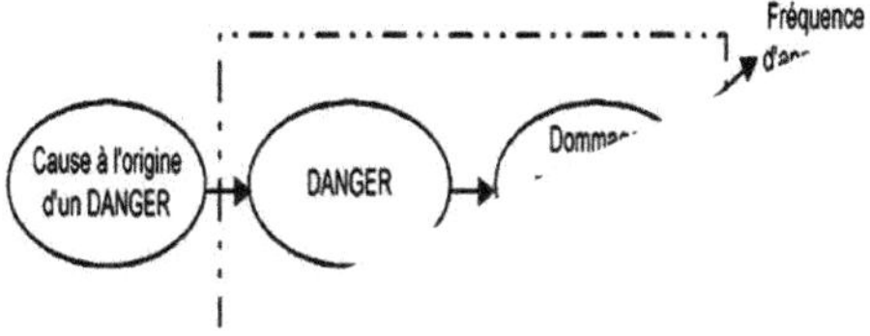

Figura 3: Cenário de avaliação do perigo

c. Determinação de medidas de controlo

A equipa de segurança alimentar deve determinar as medidas de controlo a evitar, reduzir para um nível aceitável ou eliminar perigos previamente identificados, especialmente em fases sensíveis.

ISO 22 000 : 2005

§ Mesure de maîtrise

Action ou activité à laquelle il est possible d'avoir recours pour prévenir ou éliminer un danger lié à la sécurité des denrées alimentaires ou pour le ramener à un niveau acceptable.

§ Mesure corrective

Toute mesure à prendre lorsque les résultats de la surveillance exercée au niveau du

CCP indiquent une perte de maîtrise.

3.3.7 Passo 7: Determinar os Pontos Críticos de Controlo (CCP)

ISO 22 000 : 2005

§ Maitrise de CCP

Stade auquel une surveillance peut être exercée et est essentielle pour prévenir ou éliminer un danger menaçant la salubrité de l'aliment ou le ramener à un niveau acceptable.

A determinação de um PCC dentro do sistema HACCP pode ser facilitada pela aplicação de uma **árvore de decisão** (exemplo de uma árvore de decisão) que fornece um raciocínio baseado na lógica. É necessária **flexibilidade na** aplicação da árvore de decisão, dependendo se a operação envolve produção, abate, processamento, armazenamento, distribuição, etc. Deve ser utilizada como um guia ao determinar os PCC. Se tiver sido identificado um perigo numa fase em que é necessário um controlo de segurança e não existir qualquer medida de controlo nessa ou em qualquer outra fase, então **o produto ou processo** nessa fase, ou numa fase anterior ou posterior, deve ser **modificado para** fornecer uma **medida de controlo**.

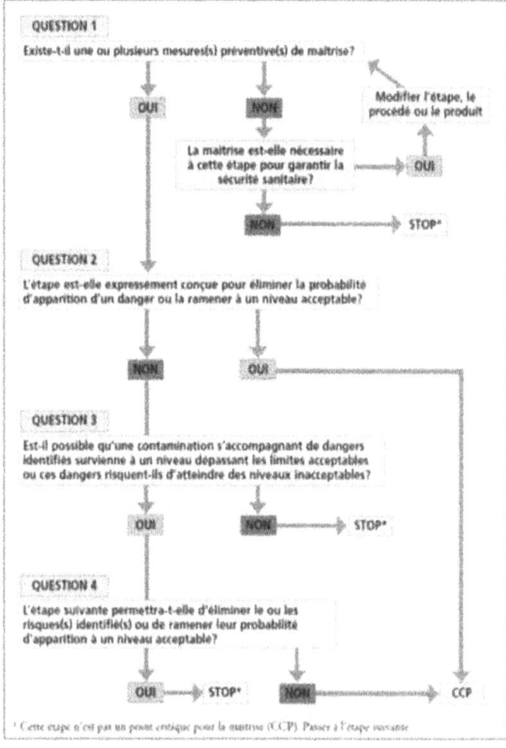

Figura 4: Árvore de decisão para determinar os pontos críticos para o controlo

3.3.8 Passo 8: Estabelecer limiares críticos para cada CCP

Os limiares correspondentes a cada um dos pontos críticos para o **controlo dos perigos** devem ser **estabelecidos** e **validados**, se possível. Um **limiar crítico** é definido em particular como um critério para definir níveis **aceitáveis** e **inaceitáveis.** Um limite crítico representa os limites utilizados para julgar se uma operação resulta em produtos seguros após a correcta aplicação de medidas preventivas.

Em alguns casos, são estabelecidos vários **limiares críticos** para uma determinada fase. Estes incluem temperatura, tempo, teor de humidade, pH, percentagem de água livre, bem como parâmetros organolépticos tais como aparência visual e consistência.

> **ISO 22000 : 2005**
>
> § Limite critique
>
> Critère qui distingue l'acceptabilité de la non acceptabilité.

Nota: Não confundir os conceitos de limites críticos e níveis aceitáveis de perigos. Estes dois elementos estão obviamente ligados, mas são diferentes. De facto, para garantir que os perigos no produto serão inferiores aos níveis aceitáveis, será necessário garantir o controlo do PCC graças aos limites críticos.

Exemplo: Produto: Leite

Nível aceitável de riscos biológicos: ausência de salmonela

CCP : Pasteurização

Medida de controlo: respeito do par tempo/temperatura

Limite crítico: 72°C durante 2 min.

3.3.9 Passo 9: Implementar um sistema de monitorização para cada PCC

ISO 22000 : 2005

§ Surveillance

Action de procéder à une séquence programmée d'observations ou de mesurages
afin d'évaluer si les mesures de maîtrise fonctionnent comme prévu.

Para cada PCC, deve ser estabelecido um sistema de monitorização para demonstrar que o PCC está sob controlo. Este sistema deve incluir todas as **medições** ou **observações** programadas relacionadas com o(s) limite(s) crítico(s). O sistema de monitorização deve consistir em procedimentos, instruções e registos relevantes abrangendo o seguinte:

a. Medições ou observações que forneçam resultados dentro de um intervalo de tempo apropriado;

b. Dispositivos de monitorização utilizados;

c. Métodos de calibração aplicáveis;

d. Frequência de monitorização;

e. A responsabilidade e autoridade pelo controlo e avaliação dos resultados do controlo ;

f. Requisitos e métodos de registo.

Os métodos e frequência de monitorização devem permitir a identificação precoce da ultrapassagem dos limites críticos, a fim de isolar o produto antes da sua utilização ou consumo. Todas as declarações e relatórios resultantes da **monitorização CCP** devem ser assinados pela(s) pessoa(s) responsável(eis) pelas operações de monitorização, bem como por um ou mais funcionários da empresa.

3.3.10 Passo 10: Determinar medidas correctivas (Estabelecer correcções e acções correctivas)

As correcções e acções correctivas devem ser implementadas assim que um **limite crítico** é excedido e/ou quando um ponto crítico já não está sob controlo.

ISO 22000 : 2005

> § Correction
>
> Action visant à éliminer une non-conformité détectée.
> § Action corrective
> Action visant à éliminer la cause d'une non-conformité détectée ou d'une autre situation indésirable.

NOTA: Uma correcção deve reduzir a gravidade dos efeitos indesejados percebidos (durante a monitorização). A correcção diz respeito ao destino de produtos potencialmente perigosos.

3.3.11 Passo 11: Estabelecer procedimentos de auditoria

Esta etapa destina-se a determinar se o HACCP está a funcionar correctamente e possivelmente a identificar defeitos que precisam de ser corrigidos. Podem ser utilizados **métodos**, procedimentos e **testes de verificação** e **auditoria**, incluindo amostragem e análise aleatórias.

> § Correction
>
> Action visant à éliminer une non-conformité détectée.
> § Action corrective
> Action visant à éliminer la cause d'une non-conformité détectée ou d'une autre situation indésirable.

3.3.12 Passo 12: Construir registos e manter registos

A manutenção de registos exactos e completos é essencial para a implementação do **HACCP**. Os **procedimentos HACCP** devem ser **documentados** e devem ser adequados à natureza e à escala da operação.

Quadro 4: Objectivos e finalidade dos diferentes documentos HACCP

Objectif	Finalité
O plano HACCP	
Determinar os elementos de controlo dos pontos críticos de controlo (fase, perigo, medida de controlo, limite crítico, monitorização, acção correctiva, registar)	Para garantir o controlo efectivo da segurança sanitária dos produtos fabricados pela organização
Procedimentos HACCP	
Fornecer informação sobre como	Responder às perguntas: Quem faz o quê
De realizar as diferentes actividades	? Como? Onde? Quando? Definir o
(controlo de recepção, monitorização CCP,	responsabilidades e áreas
calibração, retiradas, acções correctivas,	aplicação em caso de escolha ou
etc.)	decisão a tomar
Instruções HACCP	
Fornecer informação sobre como	Responder às perguntas: Quem? e
para realizar as várias fases do	Como ? o que limita a escolha.
o processo de fabrico do produto, o	A instrução deve ser simples e
procedimentos	directiva
Registos HACCP	
Demonstrar a execução de uma actividade, procedimento, instrução ou outros	Fornecer provas irrefutáveis da conclusão da actividade, incluindo uma auditoria.

O HACCP não é um padrão no verdadeiro sentido da palavra, é um método ou uma abordagem que permite o estabelecimento de um sistema que visa, no caso dos alimentos, a produção de um alimento seguro, e isto controlando os perigos que são inaceitáveis e que podem prejudicar a saúde do consumidor. Para que o sistema HACCP seja efectivamente implementado, é essencial formar Para ajudar a desenvolver formação específica em apoio ao HACCP, devem ser formuladas instruções e procedimentos de trabalho que definam claramente as diferentes tarefas dos operadores em cada um dos pontos de contacto. A fim de contribuir para o desenvolvimento de formação específica de apoio ao sistema HACCP, devem ser formuladas instruções e procedimentos de trabalho que definam com precisão as diferentes tarefas dos operadores em cada um dos pontos de controlo críticos.

4. HIGIENE MEANS

QUALIDADE E NORMAS

4.1 Os meios de higiene: a procura da qualidade

A apreciação de um produto por um indivíduo leva à formulação de um juízo de valor que, para este indivíduo, será a "qualidade" do produto, sem que esta avaliação seja necessariamente partilhada por todos. De uma forma global, e uma vez que a avaliação de um produto pode variar de um indivíduo para outro, a qualidade pode ser definida como **"a capacidade de um produto ou serviço para satisfazer as necessidades dos utilizadores" (AFNOR, 1982).** Na realização do produto e nas relações internas dentro da organização, os vários actores devem portanto concentrar-se no produto esperado pelo cliente.

4.2 Componentes de qualidade

Para um produto alimentar, a qualidade tem componentes principais: **(4S)**

a. *Sécurité (composante hygiénique)* : **Queremos menos risco**

O seu objectivo é garantir a segurança do produto a ser consumido (micróbios, toxinas, poluentes químicos ou corpos estranhos, quando estão em alimentos, podem fazer-nos adoecer ou mesmo ser fatais);

b. *Santé (composante nutritionnelle)* : **Queremos mais bens**

Os alimentos a serem consumidos devem ser dietéticos; não para degradar a nossa integridade física mas, pelo contrário, para manter e melhorar a nossa saúde.

c. *Saveur (composante organoleptique)* : **Queremos agradar a nós próprios**

O seu objectivo é satisfazer os 5 sentidos (especialmente cor, cheiro, paladar, etc.).

d. *Service (composante d'usage)* : **Queremos que seja conveniente**

S'ajoute à ces 4S les 2R :

Os consumidores estão à procura de uma melhor relação qualidade/preço;

e. *La régularité (composante constante) :* Não queremos surpresas

A qualidade deve ser reprodutível;

f. *Technologie (composante technologique)* :

Expectativas de outros utilizadores (transformador(es), distribuidor(es), etc.).

4.3 Norma "ISO 9000

A ISO (Organização Internacional de Normalização) é uma federação mundial de organismos nacionais de normalização. O desenvolvimento de normas internacionais é geralmente confiado a comités técnicos ISO. Esta Norma Internacional fornece os conceitos fundamentais, princípios e vocabulário dos sistemas de gestão da qualidade (QMS) e serve de base para outras normas de sistemas de gestão da qualidade. Esta Norma Internacional destina-se a ajudar o utilizador a compreender os conceitos básicos, princípios e vocabulário de gestão da qualidade, para que possa implementar de forma eficaz e eficiente um SGQ e criar valor a partir de outras normas de sistemas de gestão. A ISO 9000: 2015 descreve os conceitos e princípios fundamentais de gestão da qualidade aplicáveis a todas as entidades a seguir indicadas:

• Organizações que procuram um desempenho sustentável através da implementação de um sistema de gestão da qualidade ;

• Clientes que procuram a garantia da capacidade de uma organização de fornecer consistentemente produtos e serviços que satisfaçam os seus requisitos;

• Organizações que procuram assegurar que a sua cadeia de fornecimento satisfaça as suas necessidades de produtos e serviços;

• Organizações e partes interessadas que procuram melhorar a comunicação através da compreensão mútua do vocabulário de gestão da qualidade;

• Provedores de formação, avaliação ou consultoria em gestão da qualidade;

•Organismos responsáveis pela avaliação da conformidade com os requisitos da norma ISO 9001 ;

Esta norma internacional encoraja a adopção de uma abordagem de **processo** ao desenvolver, implementar e melhorar a eficácia de um sistema de gestão da qualidade, a fim de aumentar a **satisfação do cliente**, satisfazendo as suas **exigências.** Para que uma organização funcione eficazmente, deve identificar e gerir muitas actividades inter-relacionadas. Qualquer actividade que utilize recursos e seja gerida de modo a permitir a transformação de inputs em outputs pode ser considerada um processo. O resultado de um processo é muitas vezes o input para o processo seguinte. Processo: refere-se ao conjunto de actividades correlacionadas ou em interacção que utilizam inputs para produzir um resultado esperado.Quando utilizado num sistema de gestão da qualidade, esta abordagem enfatiza a importância de :

a) Compreender e cumprir os requisitos;

b) Considerar processos em termos de valor acrescentado;

c) Medir o desempenho e a eficiência dos processos;

d) Melhorar continuamente os processos com base em medições objectivas.
Além disso, o conceito de "Demming Wheel" aplica-se a todos os processos. A "Roda Demming" pode ser descrita sucintamente como se segue:

Plano: Estabelecer os objectivos e processos necessários para obter resultados que satisfaçam os requisitos dos clientes e as políticas organizacionais.

Fazer: implementar os processos.

Verificar: monitorizar e medir processos e produtos em relação a políticas, objectivos e requisitos do produto e comunicar os resultados.

Agir: empreender acções para melhorar continuamente o desempenho do processo.

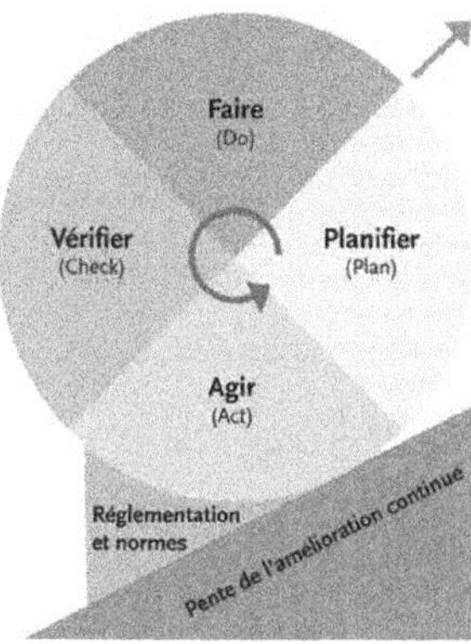

Figura 5: Modelo de sistema de gestão da qualidade baseado em processos

4.4 Norma "ISO 22000

A segurança alimentar preocupa-se com a presença de perigos associados aos alimentos no momento do consumo (ingestão pelo consumidor). Uma vez que os riscos de segurança alimentar podem ser introduzidos em qualquer fase da cadeia alimentar, é essencial que toda a cadeia alimentar seja adequadamente controlada. Por conseguinte, a segurança alimentar é garantida através dos esforços combinados de todos os intervenientes na cadeia alimentar. As organizações envolvidas na cadeia alimentar incluem produtores de alimentos para animais e primários, fabricantes de alimentos, operadores de transporte e armazenamento e subcontratantes, retalhistas e estabelecimentos de serviços alimentares (bem como organizações estreitamente relacionadas, tais como fabricantes de equipamento, materiais de embalagem, produtos de limpeza, aditivos e ingredientes). Os prestadores de serviços também fazem parte da cadeia alimentar.

Esta Norma Internacional especifica os requisitos para um **sistema de gestão da segurança alimentar que** inclui os seguintes elementos, geralmente reconhecidos como essenciais, para garantir a segurança dos alimentos a todos os níveis da cadeia alimentar até à fase final de consumo. Esta norma define os requisitos para permitir que uma organização o faça:

a. Planear, implementar, operar, manter e actualizar um sistema de gestão da segurança alimentar concebido para fornecer produtos que, de acordo com a sua utilização prevista, sejam seguros para o consumidor;

b. Demonstrar o cumprimento dos requisitos legais e regulamentares aplicáveis em matéria de segurança alimentar;

c. Avaliar e avaliar os requisitos do cliente, demonstrar o cumprimento dos requisitos de segurança alimentar acordados para melhorar a satisfação do cliente;

d. Comunicar eficazmente sobre questões de segurança alimentar com fornecedores, clientes e partes interessadas na cadeia alimentar;

e. Assegurar o cumprimento da sua política de segurança alimentar declarada;

f. Demonstrar esta conformidade às partes interessadas; e ter o seu sistema de gestão da segurança alimentar certificado/registrado por um organismo externo, ou efectuar uma auto-avaliação/declaração de conformidade com esta Norma Internacional.

BIBLIOGRAFIA

a. Bruno Schiffers, Babacar Samb, e Jérémy Knops. "Princípios de higiene e gestão da qualidade sanitária e fitossanitária". COLEACP. Bélgica; 2011.pp: 364

b. H. Greenfield e D.A.T. Southgate "Food composition data: production, management and utilization". InFood, Roma, 2007. pp: 319.

c. R.F. KAHRS. "Princípios gerais de desinfecção". Rev. Sci. Tech. Off. int. Epiz. 1995, 14 (1), 123-142.

d. Olivier Bouteau. "De HACCP a ISO 22000": Gestão da Segurança Alimentar". Edição AFNOR. 2ème edição. 2008.pp :352.

e. ISO/TS 22002-1. Especificação técnica. "Programas prévios para a segurança alimentar: parte 1: fabrico de alimentos". 2009.pp: 28.

f. NF EN ISO 9001. Sistema de gestão da qualidade: Requisitos. 2000.pp : 40.

Buy your books fast and straightforward online - at one of world's fastest growing online book stores! Environmentally sound due to Print-on-Demand technologies.

Buy your books online at
www.morebooks.shop

Compre os seus livros mais rápido e diretamente na internet, em uma das livrarias on-line com o maior crescimento no mundo! Produção que protege o meio ambiente através das tecnologias de impressão sob demanda.

Compre os seus livros on-line em
www.morebooks.shop

Printed by Books on Demand GmbH, Norderstedt / Germany